U0291158

回家
一只灰喜鹊受伤之后

谢立军◎著 摄影

科学出版社
北 京

图书在版编目（CIP）数据

回家：一只灰喜鹊受伤之后 / 谢立军著 . 一修订本 . 一北京：科学出版社，2016.1

ISBN 978-7-03-044965-8

Ⅰ.①回… Ⅱ.①谢… Ⅲ.①鸟类-保护-普及读物 Ⅳ.①Q959.7-49

中国版本图书馆CIP数据核字（2015）第129597号

责任编辑：侯俊琳　杨婵娟 / 责任校对：郑金红
责任印制：霍　兵 / 封面设计：众聚汇合
编辑部电话：010-64035853
E-mail: houjunlin@mail.sciencep.com

科 学 出 版 社 出版
北京东黄城根北街16号
邮政编码：100717
http://www.sciencep.com
北京汇瑞嘉合文化发展有限公司印刷
科学出版社发行　各地新华书店经销
*
2005年5月第 一 版　开本：720×1000　1/16
2016年1月第 二 版　印张：7
2024年4月第四次印刷　字数：160 000

定价：48.00元
（如有印装质量问题，我社负责调换）

修订版自序

今年年初，一位清华教师向我求赠《回家——一只灰喜鹊受伤之后》（简称《回家》）一书，说是要送给他的学生，我很惊奇；今年5月，出版社的杨婵娟编辑与我联系，说是要修订再版《回家》，我很兴奋。真没想到，十年之后，读者和出版社还记得宝宝，还牵挂着《回家》，这让我倍感欣喜，非常感动。

2005年5月，《回家》出版后，在社会上引起极大的反响，得到众多读者的厚爱和赞美，被誉为"一本启迪爱心，塑造美好心灵；传播真情，建设和谐家庭；宣传环保，倡导绿色理念的精品之作"。许多读者来信来电畅谈感想、问候宝宝，甚至还有的请教饲养幼鹊的方法。中央电视台专程到家中和清华校园录制了专题节目《喜鹊叫喳喳》。《回家》一书于2005年荣获"科学时报读书杯"科学文化科学普及佳作奖、2006年荣获第八届共青团精神文明建设"五个一工程"优秀图书奖、中国女摄影家协会第二届会员作品展特别奖、第二届国家图书馆文津图书奖提名奖、2007年入选新闻出版总署向全国青少年推荐百种优秀图书。我们的家庭还因此荣获北京市"2012年百家幸福家庭"称号。

重新翻阅《回家》，打开记忆的闸门。我眼前浮现出鲜活的宝宝，心底升腾起无限的思念。十五年前的今天——2000年6月23日，受伤的小灰喜鹊宝宝来到我家，在家人的精心呵护下健康成长，幸福生活，从一只伤残严重、奄奄一息的小雏鸟生长成活泼可爱、充满灵性的大喜鹊。宝宝在我们家中度过了完整的一生，2010年10月5日离世。我们把宝宝安葬在了清华园里，让它长眠故土，魂归自然。

这次修订将以网络版和印刷版结合的新形式再版《回家》，读者朋友将在正文中发现多个二维码，用手机扫描后即可看到宝宝丰富多彩的生活视频。我由衷地希望《回家》能够在当今互联网时代，为更多热爱大自然、关心身边环境的朋友架起沟通的桥梁。

在此，感谢在《回家》修订出版过程中付出巨大心血的出版社的领导和编辑朋友们。

祝愿新版《回家》带给读者和朋友们更加美好的感受。

谢立军
2015 年 6 月 23 日于学清苑

序

  谢立军是我在清华人文学院任院长时的同事，她要我为《回家》一书做序。当我从她手中接过书稿时，马上被其生动的情节、精美的画面和流畅的语言所深深吸引，竟然一口气坐不离席地将全书读完。我合上书稿，看着封面上这可爱的小精灵——本书的主人公灰喜鹊"宝宝"，心想：为什么这个小册子有如此的吸引力？

  因为这是一个真实的神奇故事。在秀丽的清华园里，一群聪明的灰喜鹊把受伤的宝宝托付给善良的女教师——本书作者。从此，宝宝便成为作者家中备受呵护的一员。四年过去了，宝宝从一只伤残严重、奄奄一息的小雏鸟生长成健康活泼，充满灵性的可爱小精灵。其间，演绎了一个个生动的人鹊交流、相依成趣的故事，展现了一幅幅天人合一的和谐画面。这不仅给人以美的享受，情的共鸣，也给人以生态哲理的启迪；并从一个独特视角展现出：水清木华的清华园不仅是莘莘学子刻苦求学的神圣殿堂，也是众多可爱小动物自由生活的温馨家园。清华人自强不息，厚德载物，努力塑造为人为学、追求卓越的优良品德，积极孕育热爱生活，关爱自然的美好情怀。绿色的理念、绿色的校园，正成为向世界一流大学前进的清华大学的重要表征。

  这本书的引人之处，还在于融宝宝趣事与鸟类知识于一体，集精彩美文与摄影佳作于一身，图文并茂，情趣盎然。这是一本雅俗共赏、老幼皆宜的好书。

胡显章

2005 年 3 月于清华园

目录 CONTENTS

神奇的宝宝
Shengi de Baobao

可爱的喜鹊
Keai de Xique

美丽的家园
Meili de Jiayuan

神奇的 宝宝

　　2000 年的夏天，在清华园里发生了一个真实而神奇的故事：一群灰喜鹊奋力救护受伤的小灰喜鹊宝宝，并把它托付给一位善良的女教师，从此宝宝进入人类家庭，开始了不平凡的经历……四年多过去了，宝宝从一只伤残严重、奄奄一息的小雏鸟，长成一只健康活泼、聪明美丽的灰喜鹊，成为女教师家中的特殊成员。

奇遇 喜鹊 ◎

2000年6月23日，一个令人难忘的日子，那是女儿中考的前一天。二十四小时后，她就要走进考场，去经历人生中第一次严峻的考验。作为母亲，我和女儿一样沉浸在考前的紧张之中。我经历过许多次大考，深知这一天的重要，多么希望能陪伴在女儿身边，和她一起度过最紧张的时刻，帮助她树立起必胜信心，调整到最佳状态！然而学校里还有重要工作，我必须去完成。

清晨，我准备好早餐，叫醒女儿，然后赶往学校。忙完手中的事情，已是中午十二点半。吃过午饭，我直奔校园鲜花店，预定了一束鲜花，准备晚上送给女儿，带给她一份好心情。在返回办公室的路上，我继续想着女儿，想着她明天的考试。

呼啦啦，我突然感觉头顶上掠过一群什么。抬眼一看，十几只灰喜鹊急匆匆飞了过去，忽而又转身返回，朝着我迎面飞来。中午时分，路上行人很少。我下意识地感觉到，灰喜鹊们是冲着我来的。莫非它们认出了我是个爱鸟之人，想开个玩笑？我向它们挥了挥手，表示友好，继续走着。

忽然，灰喜鹊们大叫起来，它们跟在我身后，边飞边叫，那声音透着几分焦急。我很奇怪，停住脚步，站在人行道上观望。只见那群灰喜鹊先是在我头顶上方盘旋，然后轰然落在不远处的草地上，一起鸣叫，飞起落下，反复再三。

"灰喜鹊要干什么？莫非它们要'开会'？"我想起一位老师讲过"清华园灰喜鹊开会"的趣事：一群灰喜鹊聚集在教学楼的大平台上，围成一圈儿开会。一只灰喜鹊站在中间，像是"主持人"。时而"主持人"独鸣，众鹊倾听，好似领导讲话；时而全体灰喜鹊齐叫，唧唧喳喳，如同激烈争论。

　　我好奇地向草地上望去，那十几只灰喜鹊果然围成了一个圈儿。"还真像开会的样子。也许今天灰喜鹊们有要事相商，难道要请我参加？不过怎么没有'主持人'？"我暗自疑惑，好奇地猜想着，慢慢走近。这才发现，原本"主持人"站立的地方有一小团灰糊糊的东西。灰喜鹊们见我来了，纷纷让开，有的飞上树去，有的跳到一旁。终于，我看清楚了，原来是一只小灰喜鹊。只见它羽毛未丰，鹅黄未退，紧闭着双眼，耷拉着脑袋，左腿受了伤，伤口流着血，已是奄奄一息，软软地瘫在草丛中。

　　我赶快上前轻轻捧起小灰喜鹊，它微微睁开眼睛，惊恐地叫了一声，挣扎着想飞，却跌落在草地上。周围的灰喜鹊们又大叫起来。当我再次捧起小灰喜鹊时，它浑身颤抖着，那双充满痛苦的眼睛里竟闪着亮晶晶的泪花，我的心猛地一震，一股怜爱之情油然而生。

　　这时，那些站在附近草地和树上的灰喜鹊们停止了鸣叫，静静地看着我。就在与它们的目光交汇的那一刻，我一下子明白了：灰喜鹊们是在向人类求助，它们要把这个弱小的生命托付给我。我的心中涌起一阵热浪，被灰喜鹊的聪明、友善和信赖深深感动了。

　　我小心地捧着小灰喜鹊，向文南楼走去，我的办公室就在这座楼上。成群的灰喜鹊跟在我身后飞着，叫着。我走到楼门前时停下来，转回身去看它们，只见所有的灰喜鹊都落在了近处的树上。忽然，一只灰喜鹊大叫一声，其他灰喜鹊也跟着叫了起来，那声音好像在说："拜托了，好心人，我们把宝宝交给您了，请一定好好照顾它！"

　　我默默地望着它们，心里说："放心吧，灰喜鹊，我会替你们照顾好宝宝的。"

宝宝回家。

那天晚上，我把小灰喜鹊——宝宝带回了家。

女儿一见高兴地跳了起来："哇，小灰喜鹊，真可爱！""小心点！它受伤了。"我提醒道。得知宝宝腿上有伤，女儿脸上的笑容一下子变成了愁云，"小宝宝，真可怜！"

我们找来药水、纱布，给宝宝擦净伤口，涂上药，再用纱布包扎好。女儿煮了一个鸡蛋，用蛋黄蘸着水一点点地喂它。丈夫腾出一个小盒子，为宝宝安排住处。

听了我的"灰喜鹊奇遇记"，丈夫和女儿都被感动了。"喜鹊托孤，天下奇闻，灰喜鹊真是聪明。"丈夫感慨地说。"我们一定要把宝宝养大，不能辜负了灰喜鹊的期望。"女儿激动地说。

整个晚上，我们一家人沉浸在救治小伤鹊，迎接"小客人"的忙碌之中。

第二天，女儿早早起了床，喂过小灰喜鹊，带着一脸的欢快和必胜的信心奔赴考场。三天后，她带着一身的轻松和成功的喜悦飞回家中。"哈哈，可爱的小宝宝，托你的福，我一定能够考上理想的学校！"女儿捧着宝宝欣喜地说。

在我们的精心照料下，宝宝一天天长大。几个月后，它嘴上的鹅黄退去，羽毛日益丰满。在腿伤口已经完全愈合。令人难过的是：左腿上那只小爪子永远地没有了。但是，它那一头乌黑的亮发，配上富有光泽的灰色羽毛，衬托着漂亮的长尾，真是美丽动人。

更令人喜爱的是，宝宝越来越懂事，越来越通人性。每当我们呼唤"宝宝"时，它会应声而答，然后飞过来，站在呼唤者的肩上，轻轻揪揪头发，啄啄耳朵，表示亲密。

宝宝成了我们家里的一员。

宝宝出生在大杨树上，天当房子树做床，小小鹊巢是摇篮。到了我们家，一切都变了。

开始，我们把宝宝放进一个纸盒子，里面铺着软软的棉絮。它的腿有伤，羽毛未长全，跳不起，飞不出，在盒子里卧着挺老实。后来，它的腿伤养好，羽翼丰满了，就开始向外跳，往外飞，坚决不在盒子里待着。

我们以为它嫌盒子小，就用大纸箱在阳台上搭建了一个小房子。那小房子是三角形的，里面有横杆，还有个小门，挺好玩的，可宝宝还是不喜欢，不愿住进去。每天晚上，我们都要抓住它，硬塞进小房子。开始宝宝没办法，只好安安静静地睡到天亮。后来它学会了反抗，要么"嘣嘣嘣"使劲啄墙壁，要么"嘎唧嘎唧"大声叫不停，强烈要求："我要出去！"

最终，我明白了宝宝的心思，它喜欢宽敞自由的大空间。于是，我们拆掉小房子，让它自己选择"卧室"。没想到，宝宝竟然选中了卫生间，栖息在一根不锈钢胀杆上。我们只好尊重宝宝的选择，把那根胀杆让给它专用。不过，看着它用仅有的一只小爪子抓着光滑的杆子，总觉得不牢靠，真担心它睡觉时会摔下来。一家人开动脑筋，终于想出了办法：把宝宝经常站立的那段杆子包上棉布，增加摩擦力，使它站在上面又稳当，又省劲。后来我们又将胀杆靠墙安装，在下面搭上一块长长的纸板，这样宝宝就是从杆子上掉下来，也可被板子接住。

就这样，卫生间成了宝宝的温馨卧室。那胀杆和纸板就是宝宝的大摇篮，它在那里安全舒适，尽享幸福。

与家人一起进餐是宝宝幸福生活的一部分。在它看来，人们所吃的东西都是美食，它一定要分享。

一看到我们在厨房里忙碌，宝宝就兴奋起来，伴着抽油烟机的嗡鸣声，飞来飞去，欢快鸣叫，或停在厨房门边，或站到我们肩上，关注着正在烹制的饭菜。抽油烟机一关，它立即停止"歌唱"，飞进客厅，站在餐桌旁，等待开饭。如果饭菜没有及时摆上桌，它就扯着嗓子大叫："嘎唧唧，嘎唧唧！"催促着："快开饭，快开饭！"。饭菜摆好，家人坐定，宝宝便急不可待地张着小嘴，要"吃吃"了。三五粒米饭，一两根面条，半片瘦肉，少许青菜，它吃的开心极了。不消几分钟，就吃饱喝足。但是，宝宝决不马上离开餐桌，还要围着我们飞来飞去，"讨要"食物，开始它的藏食游戏。

宝宝除了"正餐"外，还需要"零食"。这是因为鸟儿的活动与消化能力比其他动物强，热能消耗大。而它们体内不能储藏很多食物来慢慢消化，所以鸟类不能像其他动物那样每天进食一两次，而必须不断地进食。平时，我们为宝宝准备充足的食物，主要有大米、小米、燕麦、蛋黄、熟肉和水果等。除此之外，厨房里存放的各种蔬菜以及泡发的花生、黄豆、木耳之类，宝宝可以随时选用，只要它想尝，自己动嘴就是了。

据鸟类专家讲：大部分对人类有益的食物，鸟儿都能吃。但是高糖、高脂肪、高盐分、含酒精和咖啡因的食物不利于鸟儿的健康。鸟儿的食物要丰富多样，以保证营养全面。不能由着鸟儿自己去选择，它只会选最爱吃的，偏食将影响它的健康。宝宝就曾因贪食熟蛋黄，影响了正常换羽。

分享美食

藏食匿物

藏食匿物是宝宝的一个坏毛病，据说这是灰喜鹊的天性。自然界中许多鸟类有这样的本能，喜鹊和乌鸦一族就属于这种鸟类。

在人类家中，宝宝食物充足，可它藏食本性难移。什么沙发缝、桌布下、书本里，甚至我们的衣袖、衣领处，只要是有缝隙、褶皱和孔洞的地方，都会成为宝宝的藏食之处。

宝宝饥饿时，吃东西是吃一口咽一口；而饱了再吃，则只吃不咽。它的颚下有个袋囊，啄进嘴里的食物可以存放在里面。那个袋囊真不小，能装下五六颗大青豆。一旦袋囊装满，它就找地方去藏。

　　宝宝藏食确有用处，它真的做到了"常在有时想无时"，人有它藏，人无它有。我们常常会在早已忘记了樱桃、鲜枣滋味的时候，惊奇地发现，宝宝嘴里衔着一颗变了模样的红樱桃、半个蔫巴巴的枣子，得意洋洋地站在窗台上美餐呢。

　　宝宝还爱收藏各种小物品，什么硬币、扣子、橡皮和小发卡等，都在它的收集范围内。凡是相中的东西，它都要千方百计搞到嘴，玩耍欣赏个够，最后藏起来。它藏完东西，还要认真伪装一番，然后装作若无其事的样子，站在一旁守候。如果有人注意到藏物之处，它就开始紧张，一旦发现有人靠近，就沉不住气了，抢先冲上去，快速翻出物品，衔在嘴里，赶紧转移。如果没人理睬，它自己又会耐不住寂寞，隔一会儿就把东西翻出来，再重新藏好。一件小东西，它藏了翻，翻了藏，真是乐此不疲。

　　宝宝的藏食匿物有时会给我们带来麻烦，因而也招致责骂。

　　一次，宝宝把几口米饭藏在了丈夫的论文集里，结果使那珍贵的集子粘得一塌糊涂，丈夫气得举起大巴掌，狠狠打了自己几下，连声怒骂："坏蛋！坏蛋！"

　　还有一次，我买了五只纽扣，准备钉在衣服上。当我取了针线回来时，发现放在桌上的扣子只剩下三只。宝宝站在一边，嘴上衔着一只扣子正准备飞走。我很生气，点着它的小脑袋骂道："小偷，强盗，还我扣子！"它愣愣地听着，似懂非懂，放下嘴里的扣子飞走了。过了一会儿，它又飞了回来，嘴中衔着另一只扣子。

　　"哇，宝宝知错就改，真是个好乖乖。"我捧起它来百般爱抚。

随地 ◎ 方便

许多人问过我同一个问题：宝宝自由生活在家中，会不会随处排便？回答是肯定的。

鸟类有随地"方便"的习惯。在自然界中，它们的粪便常常把漂亮的建筑、整洁的广场弄得脏兮兮，在家中这个问题也很严重。宝宝在几十平方米的空间里自由飞翔，无处不到。尽情玩耍的同时，像天女散花一样，把自己的排泄物抛撒得到处都是。本来挺干净的房间，摆上了几摊不洁之物，既不雅观也不卫生。

另外，宝宝的"方便"实在太频繁了，据我们观察，最快只间隔四十秒就排一次，真让人受不了。它上边不停地吃，下边不停地拉，吃进去的东西十几分钟就能排出来，说它是直肠子一点也不冤枉。

我们曾经想训练宝宝到卫生间里去排便，可是，它平时在家中的各个房间里玩，"方便"之事一来就是急的，憋也憋不住，根本容不得飞到卫生间里去。刚刚飞起来，"后门"就开了，结果还是"空中投弹"。

关于"鸟类排便频繁"和"是否排尿"的问题，我们经过观察和学习，得到了正确的结论：鸟类排便频繁是因为它们飞翔运动剧烈，消耗能量大，新陈代谢旺盛，食物消化吸收快，就会迅速排除废物，而它们的大肠很短，不能留存排泄物，只能随时排放。

鸟类是排尿的，但它们的尿是混在粪便中一起排出的，没有单独的排尿动作。因为鸟类体内没有膀胱，尿不能贮存，必须随时排出，而鸟的输尿管与大肠都是通到泄殖腔（兼作排泄和生殖的腔道）的，所以尿与粪便混在了一起。常见的鸟粪中白色糜状物就是鸟尿，据说鸟尿又叫"尿酸"。我们用 pH 试纸测试过，宝宝的尿的确呈微酸性，虽无臭味，但有颜色，附着力很强，还有轻微的腐蚀性，能使地板和桌面上的油漆失去光泽。

对于排泄物的形态，宝宝和自然界的灰喜鹊有所差异，并不都是"白色糜状物"，丰富的食物使它的排泄物形态多样。吃了米粒，产白色的"米糊"；吃了青菜，产绿色的"菜泥"；吃了苹果，产黄色的"果酱"；吃了葡萄，产紫色的"果汁"。在这些产物中混合着彩色液体，我想那就是宝宝的"哗哗"了。

每当我们打扫卫生时，宝宝躲在一旁，看着我们一点点地清除它的产物，似乎有些不好意思。"宝宝这个毛病实在可恶！""宝宝再不改恶习，就打你的小屁股！"我数落着它。"宝宝给我们创造了一个参加劳动，锻炼身体，培养爱心的好机会，功大于过，应该表扬。"女儿在一旁替宝宝解围。

别看宝宝随地方便，不注意环境卫生，但是，它却十分讲究自身清洁，是个酷爱洗澡的小家伙。

酷爱洗澡

说来有趣，宝宝洗澡经历了三个阶段。最初洗"手掌浴"，后来洗"盆浴"，再后来发展到洗"淋浴"。

　　宝宝半岁时，为了保持清洁，我们开始给它洗澡。我把它握在手中，往水池里一按，让它变成"落汤鸟"。洗完后把它用毛巾包裹起来，擦去水分，再用吹风机吹干羽毛。宝宝不喜欢这样的强制性洗澡。每到这时，它就像个调皮的孩子，一边大叫："嘎唧唧，嘎唧唧！"像是在说："我不洗，我不洗！"一边挣扎，试图逃脱。直到羽毛烘干后，它才松了口气，一边认真地梳理羽毛，一边欢快地鸣叫。

　　后来我们发现宝宝是爱洗澡的，而且愿意自己洗。

　　宝宝一岁时，开始自己找水洗澡。当我们洗手、洗脸时，它就凑过来，站在水池边，看着哗哗的流水，眼里流露出洗澡的渴望。我们于是捧合两掌，形成盆状，接满水，宝宝会立即跳进掌中，尽情洗浴。这样的手掌浴它洗了半年多。

　　一个偶然的机会，宝宝发展到洗盆浴。那是 2001 年冬季，家中阳台上的几株大型花卉被搬进客厅过冬。一天，我端了盆温水，放了块毛巾，准备擦拭花卉的叶子。水盆放在客厅地板上，宝宝飞过来，落在盆边上，它伸长脖子把水中的毛巾拽到近前，然后小心翼翼地跳上去。又用小嘴在水中啄了几下，测试水的温度和深浅，最后展开翅膀，扑进水里，快速地拍打着，高兴地洗起澡来。它一边洗，一边欢快地叫着："嘎唧，嘎唧！"像是在说："痛快，痛快！"它的眼里闪着快乐的光，为自己发现"新澡盆"而欢呼。

　　又一个偶然机会，宝宝开始了洗淋浴的幸福生活。2002 年夏天的一个星期天，宝宝忽然在卫生间里大叫起来，我不知发生了什么事，赶紧跑过去看，原来是洗手池的水龙头坏了，滴答滴答地漏水。宝宝正站在水龙头下面，接落下来的水滴，它的头上身上落满了水。嘿！宝宝洗上了淋浴。

　　从那以后，宝宝爱上了洗淋浴。一年四季，不分冬夏，只要它想洗澡，就会站在水池边大叫。当我们拧开水龙头后，它会先把头伸到细细的水流下洗洗干净，再把身子钻到水流下洗个痛快。

拔毛换羽。

在自然界中，灰喜鹊一年换两次羽毛，分别称为："春羽"和"秋羽"。冬去春来，它们脱下冬装（秋羽），换上春羽。夏过秋至，它们又除去夏装（春羽），披满秋羽。为了减少因换羽而影响飞行等问题，灰喜鹊一边脱落旧毛，一边长出新羽，并且在较短时间内完成换羽。

宝宝生活在人类家中，感觉不到四季变化，没有了正常的换羽规律。它似乎想换就换，不管季节。我们收藏了一些宝宝换下来的长尾羽，那是它四年的换羽纪念。灰喜鹊共有十二根尾羽，中间两根很特别，不仅最长，而且尖部有约一厘米是白色。宝宝换尾羽每年平均两次，而其他部位的羽毛则换得较少，有时一年只换一次。

宝宝开始换羽，最明显的特征是：梳理羽毛的动作发生变化，不再是轻梳慢理，而是用力拔毛。它用小嘴啄住一根羽毛，从根部一直将到尖上，一些羽毛就这样被顺势拔了下来。宝宝拔羽毛很科学，它左翅上拔一根，右翅上拔一根，对称进行，这样可以保持飞行平衡。对于能拔下自己的羽毛，宝宝很自豪，它经常嘴中衔着一根拔下的羽毛，飞到我们面前展示一番。它举着羽毛，小眼盯着人，非要你看个明白并有所表示。每到这时，我就要说："宝宝又拔下来一根，疼不疼呀？"丈夫则说："宝宝，拔得好，继续拔。"不管说什么，它听了都满意。

宝宝换羽周期拉得很长，先是不紧不慢地拔毛，然后慢慢腾腾地长羽。有几次，它拔完尾羽就停了下来，结果只换了几根新尾羽，而身上还是旧羽毛。2002 年年底，已是寒冬时节。自然界中的灰喜鹊早已换羽完毕，穿着厚厚的冬装，个个变得圆圆胖胖。可是家中的宝宝却还在拔毛，一副秃头秃脑的傻样。直到春节临近，它的新羽才长全。

长嘴麻烦 ◎

很久以前，我在报纸上看到一位养鸟者向专家求教："鸟儿的嘴长长了怎么办，能不能剪掉？"当时我曾痛骂过那个狠心人，竟敢想用如此残忍的手段对付鸟儿。没想到，许多年后的今天，我们也遇到了同样的问题。

宝宝的上嘴和下嘴原本是一样长短、上下对齐，啄起食物来灵巧方便。可是到一岁后，情况发生了变化。它的上嘴越长越长，直至比下嘴长出六七毫米，细细长长，还带点儿弯钩。这长嘴不仅令人看着不舒服，也让宝宝感觉挺难受。它吃东西无法正面去啄，只能歪着头用嘴的侧面去铲，又笨拙，又别扭。我们看在眼里，急在心头，真想帮它治治这个不听话的嘴。

一天，我忽然发现宝宝的长嘴不见了。仔细看，哇！它的上嘴前端是齐刷刷的断口，细长的小嘴尖不翼而飞。这下好了，宝宝嘴的功能恢复了正常。可是好景不长，上嘴又悄悄地长长了，不久，它又开始难受。

"能不能帮它把上嘴剪短？"我们不约而同地想到了那个"残忍"的办法。真后悔，当初没有认真看专家的答复。后来我查找了许多资料，终于找到了答案：鸟类的嘴叫做喙，是摄食和防卫的重要器官，其上的角质层长得很快。由于自然界的鸟类在采食等活动中，嘴会受到不同程度磨损，所以角质层保持了正常长度。鸟儿进入人类家庭，嘴失去了磨练的机会，磨损很小，角质层就会越长越长。因此，应定期对鸟嘴进行人工修剪。修剪时要注意：只能修剪鸟嘴前端没有血管的部分，千万不要剪到有血管的部位。

虽然有了理论根据，但我们还是舍不得下手实践。所以，好长一段时间，宝宝的长嘴问题还是靠它自己解决。

直到有一天，女儿无意中帮了宝宝的忙。

那次，女儿和宝宝一起玩耍，宝宝用长长的嘴啄她的手，她用拇指和食指捏宝宝的嘴，她们玩得正起劲，忽然宝宝的长嘴尖断了。

"哇！宝宝，你的长嘴下来了。"女儿欢呼道。

饮料之谜

我们和宝宝相处四年多，对它的习性了如指掌，不过有几件事情还真是令人费解，成了"宝宝之谜"。也许只有等到宝宝开口说话之时，我们才能揭开谜底。

饮料之谜就是其中之一。

宝宝在我们家中除了饮水以外，还可以喝到各种饮料，如牛奶、果汁，以及可乐、雪碧之类的碳酸饮料等等。它一般是在自己的小水碗里喝水，但有时看到我们喝水、牛奶及饮料时，就飞过来，要求尝尝。我们只好让它分享。

宝宝喝牛奶、果汁等，就像喝水一样，规规矩矩，埋头喝一口，仰脖咽下去，一连几口，喝足为止。但是喝起可乐、雪碧之类的碳酸饮料来，它就一反常态，洋相百出。它一见这类饮料就变得怪里怪气，先耸起肩膀，摇头晃脑地站在杯子前，再乍起翅膀，使劲啄液体中的气泡，一下，两下，三下，连啄几口，然后开始往翅膀上涂抹。它乍着双翅，像鼓满风的小船帆，用嘴使劲地抹着，左边抹几下，右边抹几下，摇晃着身体，像个小醉汉。

我们实验过许多次，无论什么饮料，只要有气泡，宝宝就是这种喝法。

宝宝为什么要把有气泡的饮料抹在身上？它把气泡当成了什么？那含糖的饮料把羽毛弄得黏糊糊，它还感觉良好，真让人百思不得其解。

学习鸣叫

鸣叫是鸟的本能。

根据鸟类专业书籍中的描述，灰喜鹊属于"叫声单一"的鸟类。的确，自然界里的灰喜鹊叫声比较单调。

宝宝半岁多时开始学习鸣叫。一天，它站在阳台的晾衣杆上，伸着脖子呀呀地发出叫声。丈夫凑上去，打着口哨学黄莺、学布谷，女儿也过来，捏着嗓子学小狗、学小猫。宝宝忽闪着小眼睛仔细听着，跟着嘎嘎、唧唧、呜呜、喵喵地叫着，学的十分认真，很快就掌握了要领。

宝宝叫声花样繁多。有单音，如哎、咦；有双音，如嘎唧；还有长音，如咯咯咯、呀呀呀；最有意思的是模仿音，如猫咪的喵喵，青蛙的呱呱，狗儿的呜呜等等，它都模仿得惟妙惟肖。

宝宝的鸣叫有多种用途：

其一表示感觉。高兴时它欢叫：咯咯咯，恐惧时它惊呼：嘎嘎嘎。其二用来应答。当我们呼唤它时，它会答应"哎，哎"。我们拉着长声喊："宝宝——"，它则拖着腔调应："哎——"；我们干脆地叫："宝宝！"它则利索地答："哎！"其三娱乐抒情。宝宝独自玩耍时，会发出许多独特的声音，就像是唱歌，那声音奇妙之极，难以用文字形容。

后来，宝宝摆起了老师的架子，时常凑到我们面前，嘎嘎嘎叫几声，然后等着回应，如果无人应答，它就继续大叫，直到有人和之。接下去它就唧唧唧、咯咯咯，把所会的鸣叫全部显示一遍，才肯闭嘴。我们摸准了宝宝的脾气，就乖乖地跟着学，它叫一声，我们和一句，人鸟之声呼应，妙趣横生。不出十个回合，宝宝过足当老师的瘾，满意地飞走，我们便也轻松下课。

好奇钻研

宝宝很聪明,好奇心也强。它爱站在写字台旁看人写字,琢磨那枝"长棍棍"为什么能在纸上留下"黑道道"。为此它把各种各样的笔衔去"研究",致使我们的笔经常不翼而飞,最终要到卫生间或阳台等地找回。

宝宝对电视机遥控器很感兴趣，对那上边的红色指示灯爱不释"嘴"，见着就啄，一副非要抠下来看明白的样子。墙上的挂钟、水管中的流水及运动的玩具都在宝宝的研究之列。它时常望着挂钟上那跳动的红色秒针沉思，高兴了就飞上去啄两下，为此还撞断了长长的嘴尖。站在水龙头上，观看潺潺流水是宝宝的一大乐趣，它百看不厌，好像立志要搞懂为什么"弯弯细管水自来"。

宝宝还特别喜欢计算机，常常站在终端桌旁看我们工作。它似乎明白了键盘和显示器的关系，知道只要敲键盘，屏幕上就会出现"小花花"。于是趁人不在，它就跳到键盘上，一边以嘴啄敲，用脚蹦踩，一边盯着屏幕，细瞧自己"写"出的"鸟文"。

自从家中有了笔记本电脑，宝宝喜新厌旧，不再钟爱台式计算机，而是天天琢磨"敲"笔记本电脑。它用嘴使劲啄按键，啄来啄去啄出了门道，竟把按键的盖子揭了下来，让我们着实大吃一惊。说实在的，要不是宝宝的"壮举"，我们还真不知道那按键盖儿能揭下来，还可以巧妙地扣上去呢。

从此，揭按键盖儿成了宝宝的拿手好戏。它的技术非常高超，小嘴一插，夹住按键盖儿，脑袋一晃，用力猛揭，那盖子就到了嘴中。它把揭按键盖儿当成了"快乐游戏"，一有机会就来玩一玩。安装按键盖儿则成了我们的"开心一刻"，把盖子放到位，先按下一侧，再按下另一侧，咔哒一声，就安装好了。不过揭得次数多了，我们开始担心，老是这样揭来揭去，万一弄坏就糟糕了。另外，宝宝揭了盖子，就忙着藏起来，我们必须紧随其后讨要寻找，真是麻烦多多。

宝宝依然渴望着揭按键盖儿，而我们则开始禁止此举。

游戏高手
◎

据科学家说，有许多鸟类很会玩，尤其是喜鹊和乌鸦这些聪明的鸟儿更是玩得在行，玩得花样繁多。它们的许多游戏和人类的游戏十分相似。

宝宝每天大部分时间是在玩游戏。它的游戏分为两种，一种是自己玩耍，自娱自乐；一种是与人共玩，人鹊同乐。比如在房间里变着花样飞舞、在绳子或窗帘上荡秋千、用脚踩口啄玩物品，把东西藏起来再找等等。宝宝有几种小把戏，玩得实在高明。它以实际行动证明了科学家的结论，灰喜鹊不愧是"游戏高手"。

飞翔是鸟儿的拿手本领，宝宝在室内小空间里快速飞翔，从这个房间拐进那个房间，飞行难度很高，最绝的是飞钻门缝和跳蹬墙舞。

飞钻门缝是宝宝的绝技之一，它的表演十分精彩。我们把门缝留的和它身体一样宽，它也能飞着钻入。在穿过门缝那一刻，它收拢双翅，像个小炮弹一样射进来，身子一进门，立刻展开双翅，动作潇洒自如，令人叫绝。

跳蹬墙舞是宝宝晨练的必修内容，它在不到三平方米的小卫生间里，一圈又一圈地高速旋转飞翔，突然撞向墙面。就在身体接触墙面的一瞬间，猛地来个空中转体，调整姿态，使爪子朝向墙面，用劲儿一蹬，反弹回来。当身体即将撞到对面墙时，它一个鹞子翻身，小爪子又蹬向墙面，轻松弹回。它不仅可以从东墙弹向西墙，还能从东墙斜着弹向南墙，再弹向西墙。那空中转体灵巧麻利，让人咋舌。

如果此时有人进入卫生间，调皮的宝宝还会在其头顶蹬上一脚，给你一个惊喜。

发明
杯球

你听说过"杯球"吗？一只一次性纸杯就是宝宝的好玩具，在它嘴下，纸杯变成了"杯球"。这是宝宝的一大发明。

有一天家中来客，我为客人准备饮料，顺手把一只多余的空纸杯放在桌上。那是一只橘黄色的杯子。送走客人，我回到客厅，发现宝宝正站在桌子上，踮着脚往空纸杯里看。我以为它想喝水，就把一只盛满水的杯子放到它面前，宝宝不理睬，继续围着空纸杯转。忽然，它张开小嘴，啄住纸杯的边缘，头一扬，把杯子举了起来。它衔着杯子飞落在地板上。我站在一旁，兴致勃勃地瞧着："小鬼头，要玩什么花样？"宝宝把纸杯放倒在地，用小嘴轻轻一啄，杯子开始滚动，又用爪子使劲一踢，杯子旋转起来。啊，"杯球"诞生了！宝宝飞上跳下，嘴啄脚踢，把纸杯玩得滴溜溜满地打转，让人看得眼花缭乱，真是一场精彩的"杯球"表演！

宝宝的眼里闪着快乐的光彩，我更是兴奋，惊奇它发现了"新大陆"。

早些时候，我曾把一只橘黄色的乒乓球给宝宝玩，它高兴地玩了好一阵子。那圆圆的小球，轻轻一啄就跑出老远，宝宝尽兴地啄球，我们辛苦地捡球，球儿滚到床底下就糟糕了，半天掏不出来。后来我实在烦了，把乒乓球换成了一个圆柱形小盒子，可那小盒儿只能朝前后方向滚，到了墙边就不能动了。宝宝玩了一次就没了兴趣。这回宝宝自己发明的"杯球"，集中了圆球和圆锥的特点，即可多方向灵活旋转，又可在一定范围里滚动，既不会轻易滚到床底下，又不会撞到南墙不回头，另外还能衔在嘴里随时更换场地，真是一个绝佳选择。

我们为宝宝的发明而惊叹，不知它是怎么忽发奇想的。从橘黄色的乒乓球到橘黄色的纸杯，难道它也会联想吗？

宝宝真的很聪明。

欢乐铃铛

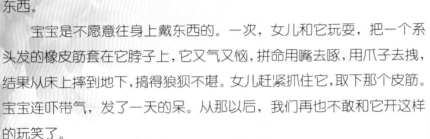

有一天我正在看书，宝宝飞过来落在我肩上，不停地用小嘴碰我的耳朵。

我扭过脸去看，它用一种怪怪的眼神看着我，使劲摇摇头，飞了起来。"丁零零"响起一阵清脆的铃声。我非常奇怪，追着它想看个明白。可是左看右看没发现它身上有什么能发声的东西。

宝宝是不愿意往身上戴东西的。一次，女儿和它玩耍，把一个系头发的橡皮筋套在它脖子上，它又气又恼，拼命用嘴去啄，用爪子去拽，结果从床上摔到地下，搞得狼狈不堪。女儿赶紧抓住它，取下那个皮筋。宝宝连吓带气，发了一天的呆。从那以后，我们再也不敢和它开这样的玩笑了。

不过有一次例外。那天我找东西，翻出几缕彩色绣花线，宝宝一见如获至宝，抢了去就不肯放嘴。它把彩线拉来扯去，弄成一团乱麻。我凑过去和它一起玩耍，把彩线绕成圈状，往它头上带，宝宝毫不反感，伸着脖子钻进了线圈，戴上了漂亮的"花环"。我惊喜无比，赶紧抓起相机拍照。宝宝戴着花环，姿态从容，像个美丽的小公主，我为它留下了两张《宝宝戴花环》的照片。

"今天这是怎么啦？"我还在纳闷，宝宝又飞了过来，瞪着小眼睛得意地看着我，摇着小脑袋，"丁零零"又是一阵铃声。我一把抓住它，轻轻摇动，铃声又响起来。咦？究竟是哪里响？我盯着宝宝仔细看，它好像猜出了我的心思，小嘴一张，吐出一个黄豆大的金属小铃铛。哈哈，原来它把小铃铛藏在嘴里，把自己变成了一个活铃铛。

宝宝衔着那只小铃铛玩了好几天，欢乐的铃声伴着它那矫健的身影在家中飞来飞去，响彻空中。后来，铃声没有了。宝宝把小铃铛"种"在了杜鹃花下，它也许期待着来年能结出更多、更美的"欢乐铃铛"。

宝宝○
与花

我喜欢养花，宝宝也喜欢花。

家中阳台上有一盆虎皮兰、一盆鹤望兰和一盆杜鹃花。那虎皮兰和鹤望兰花株巨大，有一米多高，落地大花盆占据了四分之一的阳台。宝宝时常在大花盆里刨土嬉戏，享受亲近大自然的快乐。

那盆杜鹃花枝繁叶茂，花朵稠密，最奇妙的是：满枝的花朵分为大红、粉红和玫瑰红三种颜色，非常美丽。一家人都很喜欢这盆三色杜鹃，宝宝更是喜爱。杜鹃花放在阳台上，沐浴着阳光，一年四季开花不断。宝宝最爱在这花下玩耍。有时它站在花盆边上，凭窗远眺窗外美景；有时它仰头静观，研究那不可思议的三色花朵。

每当我看到这幅"喜鹊杜鹃图"时，心中就无比舒畅。

不过宝宝并不是喜欢所有的花卉。2002年春节前，家中添了两盆新花，一盆火鹤花，一盆蝴蝶兰。它们花形奇特，花色艳丽，放在家中真是蓬荜增辉。可是不知为何，宝宝就是不喜欢，也许是嫉妒花儿的美丽吧。开始，它远远地躲着花儿，后来慢慢接近，但还是装作不理会的样子。直到我强行把它"抓"到花前，它狠狠地啄了几口花叶，才算下了台阶，不再和花儿较劲。

2003年情人节那天，丈夫买了一大束红玫瑰，说是要庆祝我们结婚二十周年。不知道他怎么把几个月后的结婚纪念日给搬到了情人节。红玫瑰娇艳夺人，配上漂亮的花瓶，着实惹人喜爱。可是宝宝却吓坏了，花儿放在哪个房间，它就不进那房间，硬把它抱过去，它就大呼小叫，拼命挣脱，逃之夭夭。

直到玫瑰花谢了，宝宝才恢复了往日的平静。那天我把开败了的花儿从花瓶中取出，放进一个塑料袋中准备扔掉，宝宝凑过来使劲啄放在地上的袋子，好像是要发泄一下几天来的怨气，又好像是为即将回归大地的花儿送行。

镜中朋友

宝宝有一段时间对镜子特别感兴趣，那是它一岁左右的事情。

一天，我发现宝宝站在洗手池上，踮着脚往墙上的镜子里张望。我把它捧起来，凑到镜子跟前，它瞪着小眼睛盯着镜子中的自己，看了好半天。忽然乍起羽毛，向着镜子狠狠地啄去。从那天起，它就开始跟镜子过不去了。

我很好奇，拿了面小镜子放在它吃食的地方。于是，就经常可以看到宝宝和镜中的自己搏斗的有趣景象。它乍着羽毛，一边大叫："呜呜，呜呜！"像是在说："咬你，咬你！"一边冲向镜子，当当当连啄几口，很快就败下阵来。然后，又是乍羽毛、呜呜叫、啄镜子。

瞧着它那副滑稽样儿，不禁让人想起大战风车的堂吉诃德来，真好笑呀。

宝宝与镜子的战斗持续了很久，终于有一天它和镜子里的"敌人"和好了。宝宝开始心平气和地凑到镜子前，仔细端详里面的那个"它"，而且越来越感到，镜子中的"它"其实非常友好，很快"它们"成了朋友。

白天，宝宝常常和"它"一起玩耍。或对着镜子梳理羽毛细打扮，比比谁最漂亮，或对着镜子张嘴瞪眼做鬼脸，看看谁更滑稽。

镜子给宝宝带来无限的快乐。

小虎大黑。

小虎和大黑是我在校园里捡到的另外两只幼鹊。它们曾在我家短暂生活，给宝宝带来一段新鲜的感受。

每年 6 月份，灰喜鹊们进入育雏期。幼鹊出生十几日，即将长成出巢。此时对于它们是最危险的时候。狂风暴雨的摧残，其他鸟类袭击以及自己的不慎，都会导致幼鹊掉出巢外，坠落树下。坠落的小鹊凶多吉少，有的当场摔死，有的摔伤致残，亲鸟无法救助，不能返回巢中，最终夭折。

小虎、大黑和宝宝一样，也是幸运的。小虎被我们送回它的父母身边，大黑由我们喂养长大放归清华园。

2001 年 6 月 22 日上午，我和一位老师外出办事后返回办公室，走到文南楼南侧不远处时，突然从路旁高大的杨树上掉下一团东西，先是落在一辆自行车的座上，然后滚落到离我们两三米的人行道上。

"小喜鹊！"我惊呼道，上前一看，果然是只小灰喜鹊。

小家伙从那么高的树上掉下来，居然毫发未损，真是万幸。它虎头虎脑，瞪着两只小眼睛，傻愣愣地看着我们，显然是被摔晕了。我捧着小虎往树上看，那里有个小鹊巢，静悄悄的，看来灰喜鹊们都外出觅食去了。

我把小虎带回了家。

宝宝见到小虎非常兴奋，围着它转来转去，欢叫不止。

缓过神儿来的小虎一点不怕生，能吃能喝，欢蹦乱跳，竟追着宝宝飞到高高的衣柜顶上。

"宝宝有伴了，咱们把它留下吧。"女儿高兴地说。

"**我**们不应该把小虎留在家中。它健壮无伤，已经到了出巢日龄，具备了飞翔本领，只要把它放到树上，就能够飞回巢中，继续生活在它的父母身边。"丈夫沉思良久，最后发话。

第二天一早，我和丈夫带着小虎来到捡它的那棵杨树下，我举着小虎，寻找着树上的灰喜鹊，希望它们来认领自己的孩子。

嘎嘎嘎！一只灰喜鹊发现了我们，它大声鸣叫报警。很快，几十只灰喜鹊从四面八方聚集过来，它们大叫着在我们附近盘旋。我们仔细观察，分辨着哪是小虎的父母，终于发现一只灰喜鹊叫得最响，飞得最近，显出十分焦急的样子。我把小虎放在杨树旁的一棵松树上，让它抓着粗糙的树干，一点点向高处爬。那只灰喜鹊冲了下来，迎接着自己的孩子，它们在枝头团聚，小虎回到了母亲的怀抱。

大黑是我们救养的一只小黑喜鹊。那是 2002 年 6 月 7 日，我和两位老师午饭后返回办公室，在文南楼北面不远处，发现路旁草地里有只黑色的小鸟一瘸一拐地在那里打转儿，我走过去捧起它，原来是一只爪子受伤的小黑喜鹊。

大黑来到了我们家。它虽然是只幼鹊，但个头比成年灰喜鹊还大。宝宝见到它，既害怕又好奇，小心翼翼地上前表示友好，但大黑却不领情，点头翘尾，摆出一副凶样，把宝宝吓了回来。大黑饭量很大，一顿吃下的东西比宝宝一天吃的还多，为此我们给它们实行分餐制，各自一个食碗。没想到，大黑吃完自己碗里的肉，就去抢宝宝的。急的宝宝嘎唧嘎唧直叫。

一个月后，大黑痊愈了，羽翼丰满了，我们把它带到校园里放飞。开始它恋恋不舍，不肯离去，我一次又一次把它放到树上，它又跳到地下，围着我们转悠。最后它终于明白了我们的心意，飞上了大树。

我们知道：鸟儿是属于大自然的，只要有一线希望，就应该帮助它们回家。

叫早服务

懒虫起床！

天明即起是鸟类的天性，贪睡懒觉是一些人的习惯。宝宝生活在我们家中，既保留了鸟的天性，也增添了人的习惯。

每日天一亮，宝宝就起来，先是在它的"卧室"里翻飞跳跃进行晨练，然后开始鸣叫。"嘎喞，嘎喞"成了我家的起床号。当我们打开门时，它迫不及待地冲进来，高兴地大叫："呀呀，呀呀！"像是问候："早安，早安！"

平日里，一家三人要上班上学，必须早起，宝宝的"叫早服务"保证了我们按时起床，功劳不小。可是，双休日和寒暑假里情况则不同，宝宝照样早起、晨练和叫早，我们则不需早起，谁也不接受叫早服务。

起初，宝宝不明白其中原因，拼命叫个没完。我们只好打开房门，让它进入各室"问安"。可是宝宝见我们不起床，以为自己职责没有尽到，于是更加努力。它站在我们床边，扯着嗓子大叫："嘎喞，嘎喞！"像是在喊："起床，起床！"再不见效，它就要动武了，其手段包括：拽头发、啄耳朵和扒眼皮。我们的回笼觉睡得正香甜，被宝宝这么一折腾，真是十二分恼火。

一次，我被宝宝闹得实在受不住了，拉过被子把头蒙上，以为这下它就没辙了。可是小坏蛋竟跳到我头上使劲踩踏，还不停地啄被子。

一个星期天，我终于忍无可忍，决定好好教训教训它。早上，宝宝又按时前来提供热情服务，它站在我的枕头边，先是大叫，而后使劲啄头发。我一把抓住它，拉进被子。在黑洞洞的被窝里，宝宝慌乱地叫着、撞着，想钻出去。就这样，宝宝被教训了几次之后，终于知道了我的厉害，从此不再搅扰我的好觉。

过了不久，又一个星期天的早晨，我醒来时惊奇地发现，宝宝卧在我的枕头旁，小脑袋插在翅膀里，正呼呼大睡呢。

哈哈！宝宝也学会了睡懒觉。

一只灰喜鹊受伤之后

宝宝左腿伤残，没有小爪子，有时还真的不方便。比如说：它头顶痒痒，脖子痒痒，想挠挠都困难。家中无人时，它只好找个地方蹭蹭，或用那只残腿去挠挠。家里有人时，一切就好办了，它会请人帮忙。

宝宝想挠痒，就飞到我们面前，把脖子伸长，乍起羽毛。我们一看就明白了，马上帮它挠痒，挠完头顶，挠脖子，挠完前胸，挠后背。宝宝舒服极了，它半闭着眼睛，尽情享受着挠痒的幸福。

宝宝想洗澡，就在卫生间里大叫："嘎嘎，嘎嘎！"请求帮忙。每到这时，我们就马上帮它准备水，宝宝很快就会钻进水中，去享受沐浴的快乐。

宝宝想"蒸桑拿"，就飞到女儿那里，跳到她手上，歪头看着她。女儿捧着它，向它后背的羽毛里吹热气。热气传遍宝宝全身，它立刻把羽毛蓬起，翅膀乍开，变成一个大绒球。直到过足瘾，它才飞走。

宝宝想吃花生，自己剥不开外皮，也会请人帮忙。它衔着一颗带皮的花生，飞到我们面前，把花生放下，抬头看着我们，马上它的愿望就能实现，我们会帮它剥掉花生皮，嚼碎花生米，让它啄食。

有了人的帮助，残疾宝宝照样生活快乐。

在自然界里，许多残疾鸟儿是没有这样幸运的，它们无法靠自己的能力生存下去，得不到救助，就会被大自然残酷地淘汰掉。

宝宝是一只最幸运的残疾鸟！

请人帮忙

四年来，宝宝一直很健康，只是闹过一次小病，让全家人担心忙乱了一阵。

那是前年一个星期六的下午，我们和往常一样，每人占据一室，各忙其事。女儿在写作业，丈夫在改论文，我则独坐客厅，构思着我的书。宝宝从这个房间飞到那个房间，在女儿那里陪会儿读，去丈夫那里捣会儿乱，再到我这里撒会儿娇，玩累了就吃东西喝水，或站在我们肩头小憩。

"宝宝怎么了？"细心的丈夫首先发现了问题。宝宝在欢快玩耍时，总是用小爪子抓挠它的脑袋。

"咦？宝宝的眼睛怎么红了？"我抓住它仔细查看，发现它的右眼皮红红的，有点儿肿，眼角处还有个小疙瘩。

"麦粒肿！"女儿脱口而出。不久前，她刚刚长过"针眼"，为此查阅医书，知道了这种病的学名。我们参照医书，上热敷，点眼药，很快就治好了她的病。

"咦？鸟儿也长'针眼'？是不是被你传染的？"我冲着女儿说。

"有可能，一些病是人鸟共生的，这是你在书上查到的结论。去年我患肺炎，你非说是被宝宝传染的，现在该我们传染它了。"丈夫半开玩笑地说。

"那就用我的药给宝宝治病！"女儿像个医生。

"给它点氯霉素眼药水。"我开了药方。

"不行！眼药水点到眼里顺着鼻腔往嘴里流，苦极了，宝宝可受不了。"还是女儿细心，她知道鸟儿是有味觉的，上次宝宝吃辣椒，辣得又吐舌头又甩嘴，好可怜呀。

"那就用红霉素眼药膏。"三人会诊完毕。

我让宝宝侧卧在手掌上，女儿把眼药膏仔细地涂在它的眼角上，宝宝乖乖地躺着，眨眨眼睛把眼药均匀涂开。

第二天早上，我正在卫生间里洗脸，宝宝飞过来，落在我肩上，嘴里衔着那支眼药膏。"哇！宝宝知道该上眼药了！"我惊讶地说着，赶紧为宝宝上药。

几天后，宝宝痊愈了。

治疗针眼 ◎

快乐头发

宝宝对人的头发格外感兴趣。变着花样儿玩弄我们的头发是它的一大乐事。

我的头发弯曲浓密，宝宝就玩"藏宝贝"。它站在我肩上，不厌其烦地把各种小物品往头发里面藏，什么瓜子、扣子、硬币，甚至牙签等。藏完了它就跳到一旁，等待精彩时刻的到来。这时只要我摇一下头，劈里啪啦，头发里的东西就掉了出来。"呀呀，呀呀！"宝宝开心地大叫，好像在说："好玩，好玩！"随后，它又开始下一个"节目"。

女儿的头发长而飘逸，宝宝就玩"荡秋千"。每当女儿洗完头，披散着湿漉漉的长发时，它就飞上前去，用小爪子抓住一绺头发，开始荡秋千。它挂在瀑布般的乌发上，像只大发卡，女儿走来走去长发飘动，宝宝荡来荡去身体摇摆，十分有趣。宝宝喜欢湿长发很有道理，因为湿发是一绺一绺的，摩擦力大，它的爪子能够抓住。干发则不然。

丈夫的头发硬直稀疏，宝宝则玩"拔青草"。它站在丈夫肩头，先用小嘴帮他梳发，就像梳理自己的羽毛一样，一下一下，十分温柔，丈夫感觉舒服极了。可是过不了多久，它会突然衔住一根头发，使劲拔起来，丈夫痛得直叫，它却不管不顾，咬住头发不松口，非拔下来不可。

我苦思冥想许久，终于有了一个答案：它是在效仿我。一次我帮丈夫拔白发，宝宝站在一旁观看，还把拔下来的白发一根根捡起，衔在嘴中。大概就是从那时起，它开始了这种游戏。也许宝宝本意是好的，但它不分黑白，揪住哪根算哪根，这怎么行？而且它的拔法就像拔河，干拔不掉，让人疼痛不已，无法忍受。

三味之吻

不知从何时起，宝宝学会了用"亲亲"来表达感情。它用小嘴在人的嘴唇上，轻轻夹一夹，就送出了一个"甜甜的吻"，那动作可爱之极，令人惊喜。

我至今没有搞清楚，是谁这么教育有方，把宝宝调教成了"喜鹊精"。

宝宝的吻分为三种，有甜蜜之吻、酸涩之吻和苦痛之吻。

第一种：甜蜜之吻，表示高兴。

这是宝宝欢乐之时自愿送上的礼物。当它和我们小别相聚时，会踮着脚、伸着脖送来几个"甜甜的吻"，表示高兴。当我们开玩笑故意抓住它不放时，宝宝也会奉献"甜蜜之吻"换取自由。

第二种：酸涩之吻，表示讨厌。

这是宝宝对付赖皮者的自卫之举。无论是谁，如果随便要它来个"亲亲"，那味道就变了。它会左右躲闪，礼貌拒绝。实在躲不过去，就狠狠地给你几口，然后迅速飞走，让你捂着酸麻的嘴唇慢慢品味。

第三种：苦痛之吻，表示要求。

这种"亲亲"最初只是宝宝送给我的，后来家人也开始"享受"。几经验证，我们明白了宝宝的用意，既要求："请注意我！"当我在专心读书写作时，宝宝飞过来，落在我手边，静静地等待着。如果我注意到它，摸摸它的羽毛，讲上几句话，宝宝就心满意足了。或跳上我的肩头，梳理起羽毛，或转身飞走，到别处去玩。如果它站了半天，我没有表示，宝宝就要"亲亲"了，它用小嘴夹住我胳臂或手上的一点皮肉，使劲儿拧，直到我疼痛难忍，扔下书本，去理会它。

唉，这个小坏蛋好狠呀！我胳臂上时常会有几块青紫小斑，那就是宝宝的"吻痕"。

喜鹊反哺

宝宝两岁多后，已经长成一只大灰喜鹊，常常会有令人意想不到的举动。

一天，我正在写字台前写作，宝宝飞来，嘴里衔着一颗煮熟的花生米，显然是从厨房的碗里"拿"来的。它举着花生米，兴奋地叫着："呀呀，呀呀！"

我看着它那可爱的样子，笑着说："哇！大花生，送给我吧！"宝宝往前跳了两步，凑到我面前，踮起脚来，真的把花生米送到我嘴边。我就势咬住，宝宝用小嘴使劲往里塞，直到我闭上嘴。

"啊！给我了？不好意思，还给你吧。"我吐出花生米。宝宝一见，又上来继续往里塞那花生米，直到我又闭上嘴。

我再吐，它再塞。

"宝宝，我可不客气了。"我把花生米吃掉，宝宝站在一旁看着，最后我张开嘴，它"检查"了一遍，确认花生真的没有了，才放心地飞走。

我赶紧把宝宝的惊人之举告诉丈夫和女儿："重大发现！灰喜鹊反哺。"没想到他们却不以为然。丈夫说："宝宝那不是反哺，而是育雏。它不是把你当成鹊妈妈，而是当成鹊宝宝了！"女儿说："宝宝还没成家呢，哪会育雏？依我看，它是在求偶，把您当成爱侣了。鸟类求偶方法之一就是向爱侣奉献食物，而且一些鸟类会把饲养它的主人或其他接触密切的动物当成求偶对象。"

从那天起，宝宝时常送花生、瓜子之类来"喂"我。不管怎样解释宝宝的喂食行为，反哺也罢，育雏也罢，求偶也罢，我相信它送给我的总是一片情意。

电话传情

电话是个奇妙的好玩意儿，我想宝宝一定也这样认为。

起初，宝宝讨厌电话，本来安安静静地待着，忽然铃声大作，吓得它又飞又叫。而且一来电话，人们就会放下手中的事情，赶紧去接，这时就冷落了宝宝。

有一次，女儿正在帮宝宝挠痒，客厅里的电话响了，是同学打来的，她扔下宝宝去接电话。宝宝站在椅子上伸着脖子，等呀等呀，半个小时过去了，女儿还举着话筒大聊特聊。宝宝急了，飞到她肩上大叫："嘎嘎嘎！"像是在说："没完了！"它使劲儿啄那话筒，把电话那端的同学吓了一大跳。

这是宝宝第一次"打电话"。

后来又一次，我到外地开会，晚上打电话回家，是女儿接的。我从电话里听到宝宝的叫声，就让女儿把它请来"接电话"。

"喂，宝宝，你好吗？"我说。

"嘣嘣嘣"宝宝在啄话筒。

"宝宝，我想你啦，你想我吗？"我又说。

"呀呀，呀呀！"宝宝终于"说话"了，像是在说："想你，想你！"

从那以后，宝宝知道了：它也可以打电话。只要一有人接电话，宝宝就飞过来站在人的肩上，等着"说两句"。因此，一些同事朋友经常在电话里听到宝宝的叫声。

女儿高考前的几个月里，我和她住进校园宿舍，每天晚上都要给家中打电话。宝宝晚饭后就等在电话附近，只要丈夫一拿起话筒，我们就能听到它的叫声："呱呱呱！""唧唧唧！"像是在说："想你们！""快回来！"

宝宝是在述说对我们的思念。

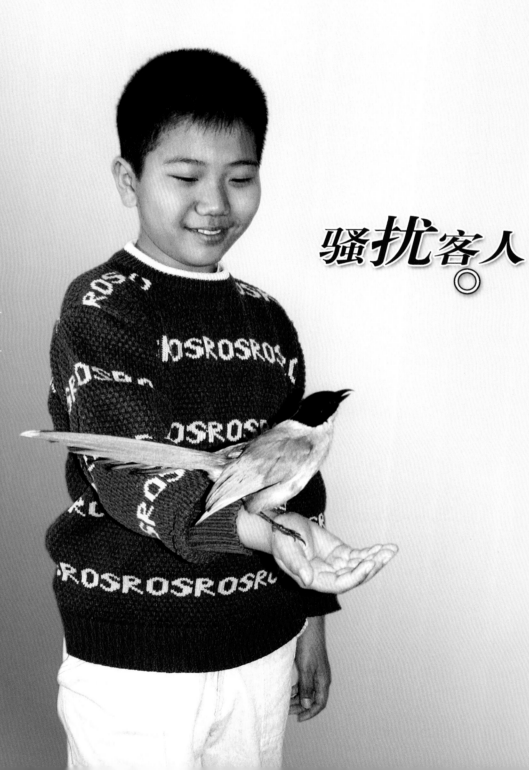

騷扰客人○

宝宝小时候怕见生人，家中来客，它就躲进卫生间，死活不肯出来。

一岁以后，宝宝由害怕变成了好奇。有客来访，它或是飞到客厅门口，看一眼转身就飞，或是站在客厅窗外，巴头探脑往里看。当我们把它请到客人面前时，它站在家人手上，像个羞怯的小姑娘。

再长大些，宝宝的脸皮变厚了，来了客人，不请自到。未等客人坐稳，它就冲进客厅，先是绕场一周，然后急忙飞走。遇上胆小的客人会被它吓一跳。为了避免惊吓客人，我们总要提前打招呼："家有小顽鸟，年幼少礼貌。空中乱飞行，来客必骚扰。请君多包涵，原谅鹊宝宝。"

后来，宝宝变成了"人来疯"。家中来了客人，它不仅要在客厅里飞一通，行欢迎大礼，还要落在人家身上，表示友好。不过行礼之后，就要撒欢捣乱了。宝宝的亲近之举使客人们惊喜，但随后的无礼行为却让我们难堪。

一次，几名学生来，宝宝相中了一位女生，在人家肩头手上蹦来跳去，欢叫不止，让那姑娘着实惊喜了半天，直说自己和宝宝有缘。而对坐在旁边的男生，它视若无睹，不理不睬。我只好开玩笑说："宝宝一定是个小男生，喜欢漂亮姑娘。"

又一次，几位同事来，宝宝对一位男士发生兴趣，飞过去站在人家肩上，一副友好的样子。可是没过两分钟，它就拔起人家的头发来。我们只好把它赶走。

还有一次，一个可爱的小姑娘和她的爸爸妈妈一起来，小姑娘见了宝宝又好奇，又喜欢，把它捧在手上。宝宝更是高兴，竟伸着脖子要去"亲亲"人家，搞得小姑娘不好意思地捂着嘴，左右躲闪它。我只好把厚脸皮的宝宝抓住。

我说宝宝没礼貌，太淘气，丈夫却说："灰喜鹊如此亲近人类已是最大的礼貌了。"女儿则说："宝宝越淘气，越可爱。"

2002年10月30日，对宝宝来说真是个倒霉的日子。它在家中阳台上身陷困境，难以自救，痛苦挣扎许久，直至晚上九点钟才被救出。

俗话说无巧不成书，这一天全家人都因故未能按时回家。

晚上八点多钟，我坐在大礼堂观看演出，因挂念女儿我离座出来，站在礼堂门口往家里打电话。

电话铃响了半天，终于接通。

"妈妈，宝宝找不到了……我只听见它的叫声……"手机里传出女儿焦急的声音。

阳台被困

"宝宝找不到了？不会的，它在和你捉迷藏。"我安慰着女儿。

的确，宝宝经常玩这种游戏，它会别出心裁地站在一个人们想不到的地方，如窗帘盒上、衣柜顶上等处，先叫上两声，把人们引来，然后一声不响地看着人们找它。

"不是的，它叫得很惨，是在求救！"女儿急得像是要哭。

"别急，你慢慢找。喂，喂？怎么了？……"

"嘀嘀嘀……"真糟糕，手机没电了。宝宝到底怎么了？我的心提了起来。

晚会结束，我急忙返回家中。一进门，吃了一惊。女儿疲惫地坐在沙发上，两手平端着沙发垫，那垫子中间是面目全非的宝宝。它低垂着脑袋，紧闭着眼睛，耷拉着翅膀，原本漂亮整齐的羽毛已是蓬乱不堪，长长的尾羽弯曲折损，不成样子。

"宝宝，宝宝，你怎么了？"我焦急地冲上去，捧起它，呼唤着。它慢慢睁开眼睛，眼神暗淡无光，张张小嘴，没有发出声音。宝宝还活着！我的心放了下来。

"怎么了？宝宝到底藏在哪里了？怎么搞成这个样子？"我问女儿。

"它掉在阳台窗帘后面，我找了半天，急死人了。"女儿还沉浸在紧张和焦急中。

"耶耶，耶耶。"宝宝忽然叫了两声，它抬起头来，望着我，好像要诉说委屈。

"宝宝，你受苦了，现在没事了。"我抚摸着它，安慰道。它的目光渐渐变得有神。

窗帘怎么能把宝宝害成这样？我疑惑不解地来到阳台上。

哇！那里一片混乱，地上摆满了花盆、瓶子。西面的窗户挂着一个大窗帘，直垂到放花盆的台子上，窗帘下端被几个盛满水的瓶子挤住，紧贴在玻璃上。一定是调皮的宝宝飞到窗帘上端玩耍，不小心掉到玻璃与窗帘之间，无法钻出。它被卡在瓶子、窗帘和玻璃中间。在那个窄小的空间里，宝宝有翅飞不起，有腿站不住，苦苦挣扎了不知多久。从它头上、腿上红紫的伤痕，从它被救后跌跌撞撞飞不起来的样子，从它见到食物狼吞虎咽的惨状，可以判断，那是一段很长的时间。

唉，如果我不挂那倒霉的窗帘，如果我不把水瓶放在窗帘下，就不会发生这一切。可是谁能想到会出这样的意外呢？

遭遇危险！

回家

060

一只灰喜鹊受伤之后

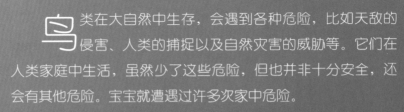

鸟类在大自然中生存，会遇到各种危险，比如天敌的侵害、人类的捕捉以及自然灾害的威胁等。它们在人类家庭中生活，虽然少了这些危险，但也并非十分安全，还会有其他危险。宝宝就遭遇过许多次家中危险。

被人踩伤是第一大危险。

我曾读过一篇文章，作者讲述了父亲幼年时，救养一只从树上掉下来的小花喜鹊，取名"小黑鸡"。小黑鸡活泼可爱，白天飞出家门，到山上树林中寻食玩耍，傍晚飞回家来，与全家人欢聚一堂。直到有一天父亲不小心踩在小黑鸡身上，它被踩得瘫在那里，屁股流出了一节肠子，坚硬的嘴滴出了一丝血来。父亲痛哭一场，把死去的小黑鸡埋葬在院子里的枫树下……

这篇文章让我难过了好几天，并开始为宝宝担心，因为不知从何时起，它也喜欢在地上蹦来蹦去了。有一次我还踩到了它的尾巴，小家伙竟不知躲闪。要是真有人像"父亲"一样踩上宝宝，它的小命呜呼，恐怕一家人要大哭三场了。为了防止意外发生，全家人紧急商讨保护措施：在家中走路要眼观地面，低抬腿，轻放脚，注意避让宝宝。特别是在晚上，更要加倍小心。

误食中毒是危险之二。

宝宝对人吃的东西很感兴趣，平时我们吃饭，它就站在一旁，总会品尝到各种各样的食物。因此，它一看到人们往嘴里放东西，就凑过来要求分享。

有一次女儿感冒发烧，我给她吃药。宝宝站在旁边，看着她一口口地往下吞药片，没有它的份儿，急了，竟然飞到我手上，啄起一片阿司匹林转身就跑。我赶紧追着捉住它，把药片从它嘴里抠出来。天知道，宝宝要是吃了这片药会是个什么结果。也许一片阿司匹林就能要了它的小命。

从那以后，家中药品实行严格管理，全部锁进柜子。而且我们吃药时也格外小心，避免被宝宝抢走。

触电伤亡是危险之三。

宝宝有爱掏孔缝和藏塞东西的毛病。平日里掏地板缝、沙发缝，除了影响卫生外，还无大碍，可是有一次却差点出了危险。

那天，我偶然发现宝宝在计算机桌下忙活什么，仔细一看，天哪！它正在往电源插座的插孔中塞东西。当时那插孔可是带电的！我赶紧轰走了它，并立即采取防护措施：将家中的所有插座换成带独立开关的，以保证未使用的插孔可以关断电源，避免宝宝触电。

为了宝宝的安全，我们付出了许多心血，尽最大努力为它创造一个安全的生活环境。所以，宝宝才能在我们家中平安生活到今天。

但愿所有生活在人类家庭中的动物，都能远离家中的危险。

飞上报纸

2001 年6月，在宝宝来到我们家一周年的时候，我突发奇想，决定写一篇关于宝宝的文章，在报上发表，作为纪念。

文稿是用电子邮件发给《北京晨报》的，记叙了我奇遇、救助并抚养宝宝的经过。第二天，报社编辑打来电话说：编辑部决定采用稿件，并满足我的要求，在离"宝宝来家周年纪念日"最近的一期刊登。

6月24日是个星期日，丈夫一大早就出去买了十份《北京晨报》，报上刊登了我的文章《喜鹊托孤》，还有宝宝的彩色"玉照"。啊！宝宝飞上了报纸。

我十分感激《北京晨报》的那位编辑，不仅因为选登了这篇文章，还因为她曾说，她和几位同事看了文稿，都很感动，差点掉下眼泪来。

写这篇文章时，我是流了泪的。想起宝宝一年前的悲惨可怜，看看它现在的活泼可爱，回首一年来它和我们亲密相处的日日夜夜，我激动不已，泪湿双颊。饱蘸着对宝宝的爱，寄托着无限深情，我写下此文。没有想到，读这篇文章的人们未曾见过宝宝，也会有我这样的感情。一篇随笔小文竟能让大家感动落泪，这使我很欣慰，也越来越感觉到：救养宝宝是一件很有意义的事，它可以唤起人们爱护动物、保护自然的一片爱心和一份真情。

更让我出乎意料的是，《喜鹊托孤》文章发表后，受到了许多人的关注。一些朋友打来电话，关切地询问宝宝的情况，称赞我们的善举。校园里的老师和学生更是对宝宝关怀备至，经常有人问我："宝宝还好吗？"为了满足众人的愿望，我除了把宝宝的最新趣事讲给大家听以外，还开始拍摄宝宝照片，让大家一饱眼福。

还是到点就叫，不通情理。为了能在星期天睡懒觉，我们绞尽脑汁。一次星期天睡懒觉，我们绞尽脑汁。一次特意把它关在窝里，用厚布遮严窝，希望它"天亮不觉晓，不要再叫"。可是第二天早晨，它照旧到点起床，我不理睬它。它先是拽我的头发、啄耳朵，后来竟用小嘴扒我的眼皮。我气恼不已，用被子把头蒙上，看它还有什么办法。果然，半天没有动静，我躲在被子里暗自得意。哈哈，没辙了吧！忽然"扑通"一声，什么东西砸在头上，接着就是"砰、砰、砰"的响声，原来小坏蛋竟然跳到我的头上，使劲地啄被子。看来它是叫不我不罢休。我只好乖乖地起床。

宝宝爱收藏物品，硬币、扣子、名片、铅笔和牙刷等都在收集之列，只要它的小嘴能衔起，就千方百计运回窝中收藏。一次我刚刚买回5个扣子，准备钉在衣服上。当我取了钉子回来时，发现桌上的扣子只剩下了。宝宝站在一边，嘴上衔着扣子，准备飞走。我气愤之极，点着它的脑袋痛骂："小偷、强盗、坏蛋，还我扣子！"它愣愣地听着，好像听懂，放下嘴里的扣子飞走了。嘴中衔一会儿，它又飞了回来。"哇，宝宝知错就改个扣子。"我捧起它百般抚爱，"真好乖乖。

"宝宝"是一只普通的灰喜鹊，昨天是它从清华园来我家整整一年的日子。在这365天里，它与我们朝夕相处，为全家带来了无数欢乐。

喜鹊托孤

■ 谢立军

，一个令人难发走在清华校园十几只喜鹊迎面叫，先是在我头轰然落在不远的起落下，反复再三足观望，中间似乎有支一圈，哇！近点仔细一看，哇！喜鹊。只见它羽毛未紧闭着双眼，耷拉着受了伤，伤口流着血起小喜鹊，环顾四周。此附近草地和树上的喜鹊鸣叫，静静地看着我。顷白了，原来喜鹊们是在向它把这个弱小的生命托一股暖流涌上心头，我们的聪明、友善和信赖深深把小喜鹊带回了家，从此它们的宝宝。宝宝一天

宝宝很聪明，好奇心也强。它爱台旁看人写字，对于那支它爱看人写字，对于那支蹦跳，一边盯着屏幕，仔细瞧自己写出的"鸟文"。宝宝还特别喜欢电视爱不释"嘴"，见着就啄，一副非要抠对那上边的红色指示灯机遥控器，一会明白的样子。

飞上报纸

065

区花园我恋不知道蹦上宝它宝样然

荣登电视

宝宝荣登电视是我们家的一段美谈，我和女儿因此成为中央电视台节目的嘉宾。

那是 2001 年 9 月初的一天，中央电视台的编辑打来电话，说在报上看到有关宝宝的文章，很受感动，希望我们全家和宝宝一起参加录制节目。

到电视台当嘉宾，录制宣传保护动物的节目，这是一件很有意义的事情，我当即欣然答应。

可是回家跟丈夫和女儿一讲，他们提出疑问："怎么把宝宝带到电视台去呢？"

我找来一个大纸盒，试着把宝宝放进去。没想到它竟在里面拼命乱撞，"嘣嘣嘣"撞得好响好响。我们赶紧把它放出来，它眼里充满了疑惑、恐惧和愤怒，飞到阳台上，半天不理人。看来，我们无法把宝宝带到演播厅里去。

为了能让观众在电视节目中认识宝宝，我们开动脑筋，想出了好办法。在家中用摄像机拍摄了一些宝宝的有趣镜头：如玩耍、洗澡等，然后把录像带送给电视台。

9 月 23 日下午，我和女儿来到中央电视台，走进演播厅录制节目。这一期节目的内容是关于爱护动物的专集。节目中我和女儿作为嘉宾一起讲述了救养宝宝的经过和感想。在大屏幕上，我们看到宝宝的录像剪辑，它那活泼可爱的形象令在场观众开心欢笑。

在这次录制节目时，我结识了许多热爱动物的朋友，有野生动物保护协会的领导和中国科学院动物研究所的专家等。特别是一位名叫菀晴的学生，给我留下了很深的印象。她说："我妈妈在报上看到了《喜鹊托孤》一文，感动地流了泪，推荐给电视台"。至今我未见过这位可敬的妈妈，但我觉得我们的心是相通的。

后来，菀晴寄给我几张录制节目时的照片和一封热情洋溢的信。遗憾的是她没有留下地址，我无法联系。但愿她和她的妈妈能够见到这本书，接受我的谢意。

2001 年 11 月 25 日是个星期天，下午 2 点 10 分在中央电视台第一套节目的《第二起跑线》中，播出了《动物朋友，喜鹊宝宝》专题节目。节目播出后，有更多的人认识了宝宝，不仅有北京，还有河北、广西、内蒙古、贵州、云南、江苏、天津等地的朋友，他们有的打来电话，有的发来电子邮件，有的谈感动，有的道惊叹，每个人都带来了一份对宝宝的关怀。

我为社会上有越来越多的人关爱动物而高兴。

天上人间

宝宝长大了，时常站在阳台上，望着窗外的蓝天出神。每当天空中有鸟儿飞过，它就大嚷大叫，不知是害怕还是欢喜。

我想：也许它在向往外面的世界，也许该让它回到大自然中去了。当年，灰喜鹊把它托付给人类救养，如今宝宝已经成年，应该给它重新选择的权利。

我们决定放飞宝宝。

那是一个春光明媚的星期天里。

早饭后，我们带着宝宝来到小区花园，那里有许多杨树、柳树、松树和银杏树。成群的鸟儿在大树上欢叫，在草地上嬉戏。

久违了大自然的宝宝，显得既兴奋又紧张。"宝宝，常回来看看。记住咱家住在那栋楼里，就是那个有花的阳台。"女儿不停地嘱咐着。

我恋恋不舍地把宝宝抛向空中，它惊叫着飞了起来。然后在我们上方盘旋许久，

终于飞向大树，飞向群鸟，飞向远方。

"宝宝，你在哪里？"女儿带着哭腔喊着。

"宝宝，你就这样走了吗？你的腿残废了，能在自然界中生存下去吗？"我的眼睛湿润了，开始后悔，也许不该放掉它。

"快看，宝宝回来了！"丈夫忽然叫道。我揉了揉眼睛，向空中望去，只见宝宝正在不远处盘旋。

"宝宝，我们在这儿！"三人一起大声呼唤着。

宝宝听到了，它像箭一样地飞了过来，直扑进我的怀里。

"好宝宝，你回来了，不走了，好吗？"女儿双手捧着它亲了又亲。我激动地说不出话来。再看宝宝，它的眼眶里满含着泪水，眼神中带着委屈和悲伤，好像在问："你们不爱我了？"我把它紧紧地抱在胸前："宝宝，咱们回家！"

宝宝选择了我们，它无怨无悔。

天上人间一样美好，我们的家就是宝宝永远的家。

可爱的 喜鹊

灰喜鹊是我国最著名的益鸟之一，对人类有很大的帮助，它们最大的贡献就是消灭害虫，保护森林。为此，人们给予灰喜鹊极高的荣誉。在我国颁布的《"三有"保护野生动物名录》里，灰喜鹊榜上有名。由于灰喜鹊给许多地方的农业和林业带来极大益处，所以在安徽、山东、浙江、河北、辽宁、上海及北京等省市，它都被列为地方重点保护野生动物。灰喜鹊还被光荣地评选为安徽省和山东省的省鸟。

美好传说……

喜鹊，学名叫鹊，人们在其名前冠以喜字，是对它的爱称，从这个漂亮名字可以看出人们对它的特殊喜爱。自古以来，喜鹊就被看成是预兆吉祥，传报喜事的象征。

"喜鹊叫，客人到"是一句十分流行的民俗谚语。据说，喜鹊喜欢干燥天气，多在晴天欢快鸣叫。在古代，由于交通不便，出行困难，人们探亲访友都会选在天气晴好之日。又由于信息不灵，不能提前通报主人，客人突然临门也是常事。人逢喜事心情愉快，就把晴日喜鹊的鸣叫当成了客人来到的预报。

从预报"客人将至"到传报"喜事临门",就有了"喜鹊报喜"之说。这虽是一种巧合,却寄托着人们的美好情感。当我们在春光明媚的早晨,打开门窗,看到树上连声欢叫的喜鹊,顿时会精神振奋,喜上心头,怎能不产生喜悦之感!

"七月七牛郎织女鹊桥会"是一个广为流传的民间故事。牛郎织女坚贞不渝的爱情令世人感动,而成千上万的喜鹊为使这对恩爱夫妻相会,不辞劳苦,如期聚集,在茫茫天河上搭起鹊桥,被人们赞扬。喜鹊勤劳善良、助人为乐的美好形象永远留在人们心中。今天虽然不会有人再相信喜鹊搭桥之事,但这个美丽动人的故事仍在世间传诵。

令人称奇的是:每年到了农历七月初七前后,真的难以看见喜鹊,它们究竟到哪里去了呢?原来,这个时候喜鹊进入换羽期,要把残缺不全的春羽脱下,换上一身柔软多绒的冬装。在新旧羽毛交替过程中,它们的飞翔能力减弱,活动范围缩小,以避免遭遇其他动物的伤害。因此,这时候人们见到喜鹊的机会就少了。

人们喜爱喜鹊,才有吉庆谚语和美好传说。人们喜爱喜鹊,因为它们的美丽体态和欢快鸣叫,更因为它们是益鸟,是人类的朋友。

生态习性 ◎

鸟类中最聪明的当属鸦科。鸦科分为两支，一支是鸦，一支是鹊。

对于乌鸦，人们多有错怪和误解，说它不吉祥，其实乌鸦在鸟类中最聪明。我们耳熟能详的故事"乌鸦喝水"展示了它的才智，"乌鸦反哺"则夸奖了它的孝顺。

鹊是鸦的近亲，它既大脑发达，天性聪明，又体态优美，举止可爱，给人以美的享受。鹊主要分为两种，喜鹊和灰喜鹊。喜鹊别名黑喜鹊或花喜鹊，灰喜鹊别名山喜鹊。人们有时也把灰喜鹊混称为喜鹊。

鹊是中型鸟，特点是雌雄同色，羽色多样，具有金属光泽，鸟尾长于翅膀。鹊是留鸟，它们定居在自己出生的地方，不因季节变换而迁飞。在我国长江以北，华东、华北、东北等地区都可看到它们的身影。

　　喜鹊，体型较大，躯体壮实，全身羽毛分为黑白两色，黑羽毛乌黑发亮，在阳光映照下闪着蓝、绿、紫色的光泽，肩膀和腹部的白羽毛洁白无暇，没有杂色，如同穿着一身漂亮的燕尾服。喜鹊站立时昂首挺胸，走路时大摇大摆，像一位高贵的王子。它的尾巴上下翘动，好似行礼致意。喜鹊生活在平原山区、城市乡村、林木边缘地带的高大树木上，生性活泼，不惧怕人类，经常在人们生活居住的地方活动。它们雌雄结伴生活，总是成双成对出没。喜鹊喳喳的叫声，洪亮有力，激昂高亢，使人感到欣喜振奋。喜鹊主要以害虫为食，对农作物很有益处。

　　灰喜鹊，体型小于喜鹊，娇小优美，头部黑亮的羽毛像一顶华丽的帽子。背为土灰色，腹部灰白色，翅膀和长长的尾巴为灰蓝色，尾羽末端为白色。灰喜鹊是平原和低山鸟类，常见于风景区和住宅区道旁的稀疏树林中。它们飞行和在地面活动都非常灵巧，只要轻拍翅膀就可跳上树干，甚至可以倒挂在枝条下面。灰喜鹊具有集群性，小群一起觅食，并在相邻树上筑巢群居。它们相互关照，共御天敌。当发现危险时，就用嘎嘎的叫声提醒同伴，一只灰喜鹊惊叫报警，一群灰喜鹊闻声而动。或者迅速躲藏，远离危险，或者立刻聚集，准备战斗。灰喜鹊是最不惧怕人类的鸟类之一，喜欢与人为伴，常常悠闲地活动在人们附近，它们那呀呀的叫声，娇媚委婉，清脆悦耳，使人感到生机勃勃。

驯养捉虫

灰喜鹊是非常容易驯养的野生鸟类，经过训练后能在果园、林区捕食各种害虫。

20世纪70年代初，我国首创了人工驯养灰喜鹊的生物防治方法，至今已有十几个省市的林区实行人工驯养灰喜鹊捉虫，收到了保护林木和生态平衡的良好效果。人们把人工驯养的灰喜鹊，称为"听人调遣的天兵天将"、"保护树林的特种部队"。

松毛虫是林业上的第一大害虫，对松林的危害最为厉害。小小松毛虫能在短时间里毁掉大片松林，它们吃光树叶，把绿油油的松树变成"光杆司令"。松毛虫形象可怕，满身毒毛，大多数鸟类见了都吓得退避三舍，只有灰喜鹊无所畏惧，它是松毛虫的天敌。灰喜鹊见到松毛虫就像遇到可口的美味，毫不犹豫地冲上去，一口叼住松毛虫，然后在树杈上或者石块上，连续不断地摔磨叼啄，直到把松毛虫折腾得血肉模糊，毒毛脱落，才放心地吞下肚。灰喜鹊饭量很大，一只灰喜鹊一天内可吃下上百条松毛虫，每年可消灭15000条松毛虫，保护1～2亩松林。

从小驯养的灰喜鹊和驯鸟员极为亲近，且能较好地领会人的意图，它们听从驯鸟员的调遣，可以飞到指定的树林里，去执行灭虫任务。人们还可以用笼子把灰喜鹊运送到较远的虫害林区，去消灭害虫。当驯鸟员的哨声响起，灰喜鹊们会争先恐后地飞出笼子，奋勇出击。哨声再响，它们又会立即飞回笼子，休息待命。灰喜鹊既能放出，又能收回，就像一支特种部队，随时可以开往战区，所到之处捷报频传，受到人们的欢迎。

一只灰喜鹊受伤之后

影视明星

灰喜鹊经过特殊训练，还可以进行高难度的表演，成为电影和舞台上的明星演员。

由灰喜鹊担当主角的电影《灰喜鹊》荣获了多项大奖，其中包括：1983年文化部优秀影片奖、1984年第四届中国电影金鸡奖最佳科教片奖、1985年葡萄牙第十一届圣塔伦国际农业与环境国际电影节金葡萄奖、西班牙隆达国际科教电影节荣誉奖、伊朗第十七届德黑兰国际教育电影节银像奖等，真是名声显赫。

《灰喜鹊》是由北京科学教育电影制片厂出品的一部科教片。反映了山东省日照市驯养灰喜鹊的真实情景，介绍了灰喜鹊的生态习性，展示出灰喜鹊啄食松毛虫的生动场面，说明鸟类在保护森林方面有不可忽视的作用，启发人们保护益鸟，开展生物防治。

影片中有一个壮观而神奇的场面：驯鸟员一声哨响，散落在各处的灰喜鹊，呼啦啦一齐飞到他的头上、肩上和周围的树上，静候命令，整装待发。驯鸟员将手中的小旗一摆，灰喜鹊们立即出发，跟随着他飞向林中，如同勇敢的战士奔赴战场。那群训练有素的灰喜鹊真是最佳演员。

灰喜鹊还登上春节晚会的舞台，为全国人民表演节目，也算得上是"大腕儿"了。

在2002年的中央电视台春节联欢晚会上，有一些从上海坐专列来北京参加演出的特殊"演员"，它们就是魔术表演《百鸟朝凤》中的孔雀、鹦鹉、鸽子和灰喜鹊。这个节目非常精彩，数十只美丽的鸟儿在中央电视台的演播大厅里欢快飞翔，翩翩起舞，场面壮观之极！众鸟儿在驯鸟员的指挥下，表演了各种各样的高难动作，让人大开眼界，惊叹不已！鸟儿不仅体态优美，而且聪明驯服，真是非常可爱。灰喜鹊就是这些"大腕儿"演员中的一员，也表演了自己的绝活。

鹊巢趣话

自然界中的鸟类有 8900 多种。它们在每年的繁殖期内，少则产一枚卵，多则产数十枚。孵卵所需时间因鸟的种类不同而相去甚远，从十几天到几个月不等。怎样才能使鸟卵在孵化过程中不致滚散，而聚拢在一起接受亲鸟的体温，同时又减少天敌的残害呢？筑巢是最好的办法，鸟巢对鸟类抚育后代具有巨大的作用，它是雏鸟安全而温馨的摇篮。

鸟类营建鸟巢是一项十分浩大而艰巨的"工程"，要付出含辛茹苦的劳动。细心的鸟类学家做过记录，一对灰喜鹊在筑巢的四五天内，共衔取巢材 666 次，其中枯枝 253 次，青叶 154 次，草根 123 次，牛、羊毛 82 次，泥团 54 次。

4月中旬，清华园的加杨树枝叶日渐茂密，灰喜鹊成群结伙地来到树上，它们谈情说爱，求偶成家，一对对鹊夫妻开始营建爱巢。在筑巢的那些日子里，它们飞来飞去不停忙碌，付出了很多辛苦。

5月初，灰喜鹊开始产卵孵化。我走过杨树下，细细观看树上的鹊巢，那里十分安静，正在孵卵的灰喜鹊一动不动卧在巢中，长长的尾巴露出巢外。

6月初，幼鹊出生，安静的小巢变成了热闹的摇篮，灰喜鹊进入繁忙的育雏期。它们终日辛劳觅食，精心哺育自己的儿女。二十天左右，小鹊长成，跟随父母飞离巢窝，外出捕食。

秋天到了，秋风骤起，加杨树上茂密的叶子随风而落。令人奇怪的是：灰喜鹊的巢竟然不见了，原来那些建在树上的小鹊巢一夜之间无影无踪。是被秋风刮跑了？还是被灰喜鹊们拆掉了？我观察了两年，也没搞明白，最后还是在鸟类专家那里找到了答案。

原来，灰喜鹊简陋的小巢就是被风给刮散了。因为灰喜鹊和大多数鸟类一样，鸟巢并不是它们终生居住的"家"，而只是繁殖期间的"临时性住所"，一旦幼鹊长大，鹊巢就完成了使命。对于这样的"临时建筑"，大自然就定期拆除了。

与灰喜鹊不同，黑喜鹊是终年栖居在巢里的鸟类，它们的巢很大，呈球形，结构坚固且复杂，属于"永久性建筑"。一对喜鹊建筑了自己的巢后，会多年连续使用，每年添加新枝维护。

清华园里有一棵老杨树，上面筑有五个硕大的鹊巢，据周围居住的老师讲，这些巢有许多年了，长期住着几对黑喜鹊。

每年五六月，灰喜鹊们进入产卵、孵化和育雏期，在这段时间里，保护子女的天性使温文尔雅的灰喜鹊变得躁动不安，十分警觉，凶猛好斗。

小鹊一出世，灰喜鹊爸爸妈妈就繁忙起来，既要精心照料幼鹊，时刻提防天敌侵袭自己的爱巢，又要外出觅食，哺育儿女，很是辛苦。

当小鹊开始学习飞行本领时，灰喜鹊为了防止自己的孩子受到侵害，采取了"封林育雏"的保护措施。它们把自己巢区附近的树林草地，当成是自己的育雏领地，强行占领，禁止他人进入。灰喜鹊唯恐小鹊受到伤害，一旦发现有人或其他动物侵入"禁地"，它们就立即采取行动，强行驱逐。开始是鸣叫警告，一鹊大声呼叫，群鹊齐声怒吼。然后武力驱逐，它们集体围攻，轮番俯冲，以翅扇打，用嘴啄咬，直至把不速之客赶走。其阵势凶猛，令人畏惧。

我曾在校园里见到一位老者，他每次走过文南楼前的杨树下都提心吊胆，担心被灰喜鹊攻击。据说：两年前，有一位女学生在这个季节误入附近的草地，遭遇了灰喜鹊的猛烈围攻，她的手被啄破流血，吓得抱头大哭。老者目睹惨状，挥舞扫帚前去救助，结果激怒了众灰喜鹊，也被群鹊袭击，而且还与他结下了仇。此后，这群灰喜鹊见到他就又追又啄，他不得不随身携带一把弹弓防身自卫。后来为了躲避这些小冤家，他干脆舍近求远，绕道而行，不再招惹它们，免受欺辱。

我很同情老人的遭遇，但又不忍心去怪罪灰喜鹊们无理。这样的事情在一些城市的公园等处也时有发生，多希望大家都能够了解灰喜鹊的这一特性，体谅它们的护雏爱子之心，不要进入灰喜鹊的育雏禁地，以免打扰它们，引起事端。

让我们共同努力为灰喜鹊营造一个安全、恬静的育雏环境吧！

情感丰富

灰喜鹊是一种极富感情的鸟儿，它们不仅知恩图报、勇救同伴、悼念亡者，而且还会记仇报复、团结抗敌。

知恩图报：被人类救养的灰喜鹊知恩图报，会与人们结下深厚的友情。

2001年10月底，驻渤海某小岛战士站岗时，发现一只翅膀受伤的灰喜鹊，他将奄奄一息的灰喜鹊带回连队进行包扎治疗。半个月后，灰喜鹊在官兵的悉心照料下恢复了健康，官兵们将它带到山林里放生。不想它居然不忘救命之恩，带着两只小灰喜鹊在连队门前的一棵老槐树上安家落户，给连队增添了几分情趣。战士们经常撒些鸟食，让鹊妈妈带着小鹊来吃，很快灰喜鹊就和官兵成了好朋友。时间长了，这窝灰喜鹊把连队当成了自己的家。战士们亲切地称它们为"兵喜鹊"。

勇救同伴：一些鸟类有救助同类的护群特性，尤其是鸦科的灰喜鹊、乌鸦等大脑比较发达的鸟类更为明显。它们和人类一样具有很强的同情心，当同类受伤飞不动或受到侵害时，其他鸟儿会奋不顾身地飞过来营救。

2001年6月，在北京天坛公园发生了"众灰喜鹊奋勇护同伴"的感人事情。一只灰喜鹊从高处掉下，摔在地上飞不起。数十只灰喜鹊飞过来，围着它盘旋飞翔，不停鸣叫，努力营救。此事与我当年路遇宝宝情景相似，只是清华园的灰喜鹊更为聪明，不仅勇护同伴，还想出了"托付人类，救助宝宝"的办法，完成了营救任务。

众鹊奔丧：灰喜鹊极富同情心，它们会像人类一样悼念死去的同类。

1998年6月一天，在北京八大处公园二处，一只灰喜鹊因年老力衰，不幸摔死在路边。600余只灰喜鹊从四面八方赶来"奔丧"。灰喜鹊们先是在老灰喜鹊的尸体旁盘旋飞翔，然后站在附近的树枝上齐声悲鸣，表示哀悼。隆重的"追悼会"从中午12点一直持续到下午4点钟左右。无数游客驻足观看，为之感动。

复仇之神：灰喜鹊爱憎分明，对于伤害它们的人或动物不会屈服，反会报复。

2001年6月一个早晨，在北京市委党校院内，一只大黄猫在马路上慢悠悠地走着。忽然，空中飞来二三十只灰喜鹊，直奔大黄猫，它们来势凶猛，就像一支复仇大军。大黄猫预感到苗头不对，飞奔起来，慌慌张张跑进一片茂密的草丛中，躲在里面，再也不敢出来。原来几天前它在树林中捉吃了一只灰喜鹊，当时引起近百只灰喜鹊的愤怒与哀鸣。它以为自己胜利了，却没想到灰喜鹊还有今日的反击和报复。

团结抗敌：当灰喜鹊遭遇强敌时，它们能团结战斗，不畏强暴，勇敢拼搏。在结成"战队"的灰喜鹊面前，连凶猛的老鹰也无可奈何。

2002年10月一天，在某市街头，一只老鹰被一群灰喜鹊追赶逃窜。众灰喜鹊拍打着翅膀将老鹰团团围住，用尖利的嘴巴从四面八方向老鹰发起攻击。老鹰慌忙振翅欲飞，可它刚一展开翅膀，灰喜鹊们便拼命地向它身上啄去。老鹰抵抗了几分钟后，终于招架不住，找了个空隙逃到树上。据推断，这只老鹰一定是侵犯了灰喜鹊，才惹祸上身，遭此大劫。

美丽的 家园

　　美丽的清华园孕育了神奇的宝宝。
清华园昔日是清代皇家园林，如今是清
华大学所在地。位于北京西北郊，周围
名园古迹林立，湖光山色宜人。园内水
清木华，景色秀丽，建筑别致，优美壮观。
清华园不仅是万千学子刻苦求学、奋发
成材的神圣殿堂，而且是无数鸟儿自由
生活、人与自然和谐相处的幸福家园。
灰喜鹊、喜鹊、麻雀、啄木鸟及其他鸟
类在绿色校园里安家落户，繁衍生息。

　　愿人类与鸟儿共同拥有美丽的家园。

工字厅

工字厅是清华园的早期主体建筑。始建于1762年,建筑面积2638平方米,共有房屋100余间。前后两大殿中间以短廊相接,俯视好似一个"工"字,故此得名。院内曲廊环绕,院院相连,走廊雕栏玉砌红绿相间,廊壁各种图案精雕细琢。大门正额悬有咸丰亲书"清华园"匾额。

回家

云云灰喜鹊学仿之后

水木清华

水木清华地处工字厅后门外，称之为清华园的"园中之园"。具有中国古典园林模仿自然山水的基本特征。

水木清华其名出自晋代诗人谢混的诗句"惠风荡繁囿，白云屯曾阿。景昃鸣禽集，水木湛清华"。既是工字厅后厦，又为水木清华正廊。正额"水木清华"四字，据说是康熙御笔。两旁朱柱上悬有名联："槛外山光历春夏秋冬万千变幻都非凡境，窗中云影任东西南北去来澹荡洵是仙居"。

水木清华一带景色设计别具匠心。四时变幻的山林，环拢着一池秀水，垂柳依依，荷叶飘飘。山林间掩映着玲珑典雅的闻亭和自清亭，秀水畔矗立着闻一多和朱自清像。

近春园

近春园原是咸丰皇帝的旧居，又是朱自清名文《荷塘月色》的原址。1860 年英法联军侵入北京，火烧圆明园，近春园随之衰败，沦为"荒岛"。1927 年仲夏，朱自清先生借月色到此散步，以其精妙构思和生花之笔写下《荷塘月色》。1979 年"荒岛"开始修复。东侧建有孔子像和荷塘月色亭，亭内匾额"荷塘月色"四字为朱自清手迹。西侧建有吴晗像和晗亭。

二校门

二校门是清华大学最早的学校大门。始建于 1909 年，建成于 1911 年，复建于 1991 年。是一座青砖玉石砌成的大石门，造型别致，庄重肃美，神采奕奕，气宇轩昂。正额"清华园"三字，为清末军机大臣那桐题书。

清华学堂

清华学堂是清华大学的前身。位于二校门的东北方，是一幢样式独特的二层楼房，青砖红瓦，坡顶陡起，属于德国古典建筑风格，总建筑面积 4650 平方米，西部建于 1909 年，东部建于 1916 年，是建校初期首批校舍的主体建筑。1925 年，学校在此设立国学研究院，著名的"四大导师"——梁启超、王国维、陈寅恪、赵元任曾在此任教。大门正额"清华学堂"四字，为清末军机大臣那桐所题。

大礼堂

大礼堂始建于 1917 年，建成于 1921 年。坐落在二校门正北方，是一座罗马式与希腊式的混合建筑，庄严雄伟，古朴典雅。建筑面积 1848 平方米，座位 1400 余个，是当时国内高等学校中最大的礼堂兼讲堂。与图书馆、科学馆、体育馆一起同属学校第二期建筑，合称"四大建筑"。

后记

历时三年，《回家》一书终于完成。此时，我很激动。

我曾为宝宝无法重回大自然而遗憾，这本书给了我一份安慰，它将成为宝宝的化身，载着美好的祝福，飞出清华园，把欢乐和吉祥带给人们。

可爱的灰喜鹊以它弱小顽强、充满活力的生命，启迪了我的心灵。美丽的清华园以她自强不息、厚德载物的精神，陶冶了我的情操。我把这一切美好事物带给我的真实感受，用自己的语言记录下来，凝聚书中，作为永远的纪念。

感谢所有关心宝宝的善良人，他们有报社、电视台和出版社的编辑，以及各行各业许多与我相识或不相识的朋友。他们对宝宝的关爱，深深地感动了我，激励我时时发奋，不懈努力，为使这本书更加完美呕心沥血，竭尽全力。

感谢热情帮助我的清华人，他们有清华大学人文社会科学学院原院长胡显章教授和周茂林副院长、艺术教育中心肖红教授、中文系孙殷望教授和刘石教授，以及我的许多同事。

感谢我的丈夫和女儿，他们既是宝宝的养育者，也是这本书的参与者，没有丈夫和女儿的支持，就没有宝宝的幸福今天，也就不会有这本书。

谨以此书献给热爱生活，热爱自然的朋友。

谢昱军

2005 年 5 月于清华园